Diego Alonso
Adrian Duro
Jorge Lozano

Distribución y abundancia del gato montés en la Comunidad de Madrid

Diego Alonso
Adrian Duro
Jorge Lozano

Distribución y abundancia del gato montés en la Comunidad de Madrid

Un acercamiento a la ecología espacial de este felino ibérico

Editorial Académica Española

Imprint
Any brand names and product names mentioned in this book are subject to trademark, brand or patent protection and are trademarks or registered trademarks of their respective holders. The use of brand names, product names, common names, trade names, product descriptions etc. even without a particular marking in this work is in no way to be construed to mean that such names may be regarded as unrestricted in respect of trademark and brand protection legislation and could thus be used by anyone.

Cover image: www.ingimage.com

Publisher:
Editorial Académica Española
is a trademark of
Dodo Books Indian Ocean Ltd. and OmniScriptum S.R.L publishing group

120 High Road, East Finchley, London, N2 9ED, United Kingdom
Str. Armeneasca 28/1, office 1, Chisinau MD-2012, Republic of Moldova, Europe
Printed at: see last page
ISBN: 978-620-2-12835-3

Índice

Resumen 2

1. Introducción 4

2. Materiales y métodos 9

   2.1. Área de Estudio 9

   2.2. Diseño del muestreo 12

   2.3. Cálculo del índice de abundancia..15

   2.4. Datos a escala local y de territorio... 15

   2.5. Elaboración del modelo de distribución 16

   2.6. Análisis estadístico.. 17

3. Resultados.. 18

   3.1. Modelo de distribución potencial del gato montés en la CAM 18

   3.2. Modelo de abundancia del gato montés a escala local 23

   3.3. Modelo de abundancia del gato montés a escala de territorio........ 26

   3.4. Relación del gato montés con variables antrópicas....................... 28

   3.5. Relación del gato montés con la presencia de conejo 29

4. Discusión 31

5. Conclusiones 34

6. Bibliografía 35

Resumen

El gato montés (*Felis silvestris*) es una especie catalogada como especie "Casi Amenazada" (NT) por la UICN en la península ibérica. El presente trabajo estudia la presencia y abundancia del félido en la Comunidad de Madrid. La especie se muestreó mediante indicios indirectos (heces) entre los meses de febrero y julio de 2022 y 2024, calculándose un índice de abundancia relativa de la misma en un total de 90 transectos de 1km de longitud. Se ha obtenido un modelo de distribución potencial (SDM) donde el matorral (efecto positivo) y el suelo urbanizado (efecto negativo) fueron las variables predictoras ambientales con más peso. Asimismo, se ha encontrado una relación positiva entre la abundancia de gato montés y la distancia a núcleos urbanos, y entre la abundancia del félido y la presencia de conejo (*Oryctolagus cuniculus*). Se ha obtenido un modelo de abundancia a escala local, donde la abundancia del felino se asocia con la cobertura de matorral, cultivo, roquedoy el zorro (*Vulpes vulpes*); el arbolado y el pastizal se asociaron negativamente. Finalmente, un modelo a escala de territorio indicó la coexistencia del felino con el zorro y la garduña (*Martes foina*).

Palabras clave: distribución potencial, gato montés, heces, índice de abundancia.

Abstract

The European wildcat (*Felis silvestris*) is a species listed as "Near Threatened" (NT) by the IUCN in the Iberian Peninsula. The present work studies the presence and abundance of the felid in the Community of Madrid. The species was sampled by indirect signs (scats) between February and July 2022 and 2024, calculating an index of relative abundance of the species in a total of 90 1-km transects. A species distribution model (SDM) was obtained where scrubland (positive effect) and urbanized land (negative effect) were the most important environmental predictors. A positive relationship was also found between wildcat abundance and distance to villages, and between wildcat abundance and rabbit (*Oryctolagus cuniculus*) presence. A local scale model of abundance was obtained, where wildcat abundance was related to high cover of scrubland, crops, rocky areas and red fox (*Vulpes vulpes*) abundance; tree and pasture cover had a negative association. Finally, a territory-scale model indicated the coexistence of wildcats with red foxes and the stone marten (*Martes foina*).

Keywords: abundance index, European wildcat, potential distribution, scats.

1. Introducción

El gato montés europeo (*Felis silvestris* Schreber, 1775) es una especie de carnívoro de tamaño medio, con un peso que oscila entre los 2 y 7 kg, pesando los machos alrededor de 6 kg y las hembras en torno a 3 kg (Sunquist & Sunquist, 2002). Se diferencia del gato doméstico (*Felis catus*) por su corpulencia, siendo el gato montés más robusto y con una cabeza más ancha, con vibrisas caídas y gruesas (Lozano, 2009). Presenta un pelaje pardo-grisáceo y rayas negras a lo largo de su parte dorsal(Lozano, 2009), un pelaje blanco en la garganta y color ante-crema en el resto de la parte ventral (López-Martín et al., 2007). Asimismo, presenta una cola gruesa con anillos negros acabada en un extremo negro y redondeado (López-Martín et al., 2007).

Figura 1: Imagen de un ejemplar adulto de gato montés

La distribución del gato montés presenta un patrón fragmentado, con poblaciones presentes en toda la Península Ibérica, noreste de Francia en la frontera con Bélgica, Alemania, Escocia, Italia, Grecia, el este de Europa, Turquía y el Cáucaso (Stahl & Artois, 1991; Nowell & Jackson, 1996; Mitchell-Jones et al., 1999). Parece claro que, debido a su amplio rango de distribución, la especie habita una gran variedad de hábitats distintos (Stahl & Leger, 1992). En primera instancia, gracias a investigaciones llevadas a cabo en el centro de Europa, el gato montés fue considerado una especie forestal (Guggisberg, 1975; Parent, 1975). Sin embargo, en investigaciones más recientes, se ha visto que la especie, en ausencia de otras alternativas, puede preferir otro tipo de hábitats en vez de bosques, como zonas de matorral y mosaicos de cultivo y pastizales (Lozano et al., 2003). Quizás la mayor evidencia que refuta la hipótesis de que el gato montés es una especie forestal es un estudio procedente de Gran Bretaña, que hallaron como los patrones de deforestación y desaparición del gato montés no estaban correlacionados, en contraposición a lo que se esperaría si se tratase de una especie forestal (Langley & Yalden, 1977). Asimismo, se obtuvo otro modelo de abundancia de gato montés en el Parque Nacional de Monfragüe (provincia de Cáceres) que destacaba el papel clave de los matorrales (Lozano et al., 2007). Teniendo en cuenta todos estos estudios, parece que, aunque el gato montés puede habitar en bosques, no son su hábitat predilecto si hay otras formaciones de paisaje disponibles, especialmente zonas de matorral en regiones mediterráneas, y es por esto por lo que se puede concluir que no puede considerarse una especie forestal (Lozano, 2010). Se trata de un depredador especialista facultativo, que, si bien puede sobrevivir con una amplia variedad de presas, tiene preferencia por el conejo de monte (*Oryctolagus cuniculus*) o por diversos roedores, en función de la abundancia del primero (Malo et al., 2004).

Por ello, más que asociar al gato montés con un tipo u otro de hábitat (que como hemos visto depende de la región biogeográfica en la que se encuentre), se puede resumir que, como cualquier otra especie de carnívoro, la abundancia de este se basa, en definitiva, en la disponibilidad de presas (Easterbee et al., 1991; Lozano et al., 2003, 2007).

Es una especie tradicionalmente perseguida en el siglo XX, iniciándose su recuperación en la década de 1990, cuando se redujo la presión antrópica sobre sus poblaciones y hábitats (Easterbee et al., 1991). Sin embargo, en la actualidad sigue siendo una especie amenazada, debido probablemente a dos causas principales: la pérdida de identidad genética debido a la introgresión de alelos del gato doméstico y la destrucción y fragmentación de su hábitat (Stahl & Artois, 1991). A pesar de esto, varios estudios sugieren que la primera de las causas solo constituiría una amenaza real en Escocia y Hungría (Lecis et al., 2006; Pierpaoli et al., 2003). Al contrario, la destrucción del hábitat del gato montés y la construcción de infraestructuras humanas constituye una de las amenazas más significativas para la especie (Stahl & Artois, 1991).

Además, aunque las leyes internacionales prohíben la caza de la especie, estudios recientes demuestran que hay un número significativo de individuos que mueren a causa de los programas de control de depredadores, continuando la persecución humana que parecía haber cesado en la década de 1990 (Duarte & Vargas, 2001). De hecho, algunas investigaciones sugieren que esta amenaza podría tener más peso que la destrucción de hábitat en algunos lugares (Virgós & Travaini, 2005).

Otra de las principales causas de amenaza para el gato montés radica en la disponibilidad de presas. Se sabe con certeza que la abundancia de su presa principal, el conejo de monte, limita la presencia de este carnívoro; no obstante, el gato montés puede mantener una abundancia elevada en zonas con ausencia de conejo alimentándose de roedores (Lozano et al., 2003; Malo et al., 2004).

Para el caso particular la península ibérica, se ha comprobado que la presencia de grandes ungulados, concretamente el ciervo (*Cervus elaphus*) y el jabalí (*Sus scrofa*), tiene un efecto indirecto negativo sobre el gato montés, ya que las poblaciones de conejo y roedores ven disminuidas su abundancia debido a estos ungulados (Lozano et al., 2007). Asimismo, la población de conejo en la península ibérica, especie catalogado como "Vulnerable" (VU) en España (UICN, 2006), ha sufrido una disminución drástica en el último siglo, debido principalmente a la pérdida de su hábitat y a la llegada de dos enfermedades víricas, la mixomatosis en la década de 1950 y la enfermedad hemorrágica del conejo (EHD) en la década de 1980 (Delibes-Mateos et al., 2009). De esta manera, el declive en las poblaciones de presas supone una amenaza crucial para la conservación del gato montés en la península ibérica.

Todas estas amenazas previamente expuestas justifican porqué en la actualidad el gato montés se encuentra incluido en el Anexo IV de la Directiva Europea Hábitats y en el Anexo II del Convenio de Berna. Concretamente en España, está registrado como especie "Casi Amenazada" (NT) en la lista roja de mamíferos de la UICN (UICN,2006).

Como ha quedado reflejado, existe cierta controversia acerca de la idoneidad de hábitat del gato montés. Por este motivo, uno de los objetivos fundamentales del trabajo es elaborar un modelo de distribución potencial (SDM) del félido en la Comunidad de Madrid, que ofrece una visión general de cuáles son los hábitats adecuados para la especie en la provincia y su distribución. Mediante esta aproximación, se puede adquirir información preliminar sobre las variables que tienen un mayor impacto positivo sobre la presencia del gato montés; y, por consiguiente, ver cuales juegan un papel clave en su conservación en el área de estudio.

Asimismo, otro de los objetivos principales es obtener modelos de abundancia relacionados con la selección de hábitat del gato montés, y ver si existe una relación significativa entre la abundancia del félido y diversas variables ambientales a escala local y de territorio. Con estos modelos se pretende evaluar la relación que tiene el gato montés con su presa típica en los ambientes mediterráneos, el conejo; estudiar qué variables de paisaje tienen una mayor influencia positiva en su abundancia en un ambiente mediterráneo típico; y en último lugar, evaluar también su relación con otras dos especies de mesocarnívoros, el zorro (*Vulpes vulpes*) y la garduña (*Martes foina*), y con la abundancia de una especie de ungulado, el jabalí.

En última instancia, dado el fuerte impacto antrópico que sufren los hábitats de la Comunidad de Madrid, se pretende analizar el efecto de diversas variables antrópicas sobre la abundancia del gato montés en la provincia. Con todo, se plantean las siguientes hipótesis de trabajo:

1) La abundancia de gato montés aumentará a medida que lo haga la cobertura de matorral (debido a que la Comunidad de Madrid es un ambiente típicamente mediterráneo).

2) La abundancia de gato montés disminuirá conforme disminuya la distancia a núcleos urbanos y conforme aumente la cobertura de suelo urbanizado.

3) La abundancia de gato montés estará positivamente relacionada con la presencia del conejo, su presa principal en ambientes mediterráneos.

2. Materiales y métodos

2.1. Área de estudio

El trabajo ha sido llevado a cabo dentro del marco de un programa de seguimiento de mamíferos (carnívoros, ungulados y lagomorfos) en la Comunidad de Madrid

(España), en la parte central de la Península Ibérica (Figura 2). La Comunidad de Madrid presenta una gran variedad en su relieve y litología, al situarse en la zona de contacto de una cordillera (el Sistema Central) y una cuenca sedimentaria (dentro de la depresión del Tajo). Ello implica una diversidad de microclimas y suelos sobre los que se asienta una variada cobertura vegetal.

Desde las zonas de alta montaña de la Sierra de Guadarrama hasta los cortados yesíferos del sur se pueden identificar fundamentalmente los siguientes ecosistemas: pinar de montaña (dominado por *Pinus sylvestris* acompañado por especies de matorral como *Cytisus scoparius* o *Genista florida*), melojar (dominado por *Quercus pyrenaica* acompañado por especies de matorral como *Crataegus monogyna* o *Rosa* sp.) , hayedo (dominado por *Fagus sylvatica*), matorral de altura (con especies como *Cytisus oromediterraneus, Juniperus communis* subsp. *alpina* o *Erica arborea*), encinar sobre arenas (dominado por *Quercus rotundifolia* acompañado por especies arbóreas como *Quercus faginea, Juniperus oxycedrus* y por especies de matorral como *Quercus coccifera, Phyllirea angustifolia, Salvia rosmarinus, Cistus ladanifer, Lavandula sotechas* subsp. *pedunculata* o *Retama sphaerocarpa*) pinar de pino piñonero (dominado por *Pinus pinea* acompaño de especies de matorral como *Arbutus unedo* o *Pistacia terebinthus*), sotos y riberas (con especies arbóreas como *Alnus glutinosa, Salix* sp., *Populus nigra, Populus alba* o *Ulmis minor*), cortados y cuestas yesíferas (con matorrales como *Quercus coccifera, Rhamnus lycioides* o *Jasminum fruticans*), y barbechos y secanos (con especies propias de cultivos agrícolas como *Hordeum vulgare* o *Triticum aestivum*).

Conviene también resaltar que la mayoría de estas formaciones vegetales han sufrido y sufren una fuerte presión antrópica, que hace que en muchas ocasiones constituyan ecosistemas fuertemente alterados, debido a que la Comunidad de Madrid es una de las zonas con mayor grado de antropización de la Península Ibérica, llegando a los 7.000.621 habitantes (INE, 2023) y a una densidad de población que supera los 800 habitantes por km^2 (Instituto de Estadística de la Comunidad de Madrid, 2022), lo que la convierte en la comunidad autónoma más densamente poblada de España.

El clima de la Comunidad de Madrid es un claro ejemplo de clima mediterráneo, con una marcada sequía estival y elevadas temperaturas en verano, con inviernos fríos y

secos, y con unas precipitaciones que se concentran sobre todo en primavera y otoño (Rivas-Martínez et al., 1987).

Todos estos factores expuestos hacen que la Comunidad de Madrid presente un amplio rango de variación de variables abióticas y bióticas, que se traducen en la diversidad ecosistémica previamente explicada.

Figura 2: Mapa del área de estudio (resaltado en morado, Comunidad de Madrid) y mapade los transectos muestreados (un total de 90) en la Comunidad de Madrid.

2.2. Diseño del muestreo

El trabajo de campo consistió en recoger datos de presencia de las distintas especies mediante muestreos de indicios indirectos (Corbett 1979; Piñeiro 2012) en transectos de 1km de longitud por camino, divididos en 5 segmentos de 200 metros cada uno. Es conocido que los carnívoros, como el gato montés, depositan heces a lo largo de los caminos para marcar sus territorios (Barja & Bárcena, 2002). Los muestreos de los transectos se llevaron a cabo entre 2022 y 2024 entre los meses de febrero y julio cada año.

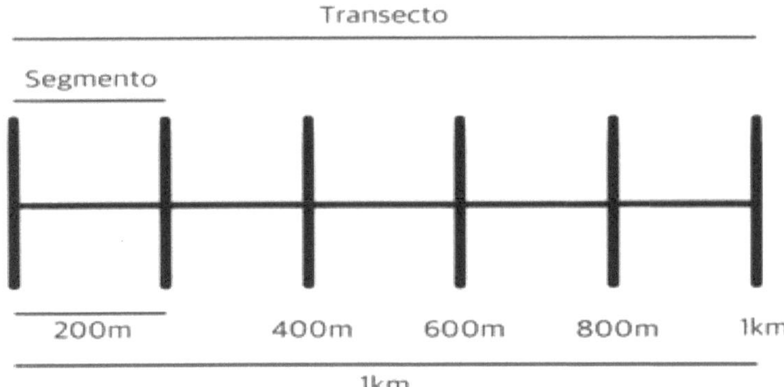

Figura 3: Esquema de los transectos muestreados

Figura 4:
Fotografía de uno de los 90

A lo largo de los 5 segmentos de cada transecto se contabilizaron las señales de actividad faunística, que permiten detectar la presencia de cada especie. Para los carnívoros (gato montés, garduña y zorro) se contaron el número de heces; letrinas para los conejos; y hozaduras para el jabalí. Además, se contaron también las heces de perro, como "proxy" de actividad humana. También se tomaron datos de cobertura de vegetación *in situ* mediante un muestreo directo, que consiste en tomar datos de porcentaje de vegetación (arbolado, matorral, pasto, cultivo) y roquedo al final de cada uno de los segmentos de 200 metros en un radio de 25 metros alrededor del transecto. De esta forma, se obtenían 5 datos distintos de cobertura vegetal y roquedo por transecto, de los que luego se calculó la media para obtener un único valor por transecto de porcentaje de cobertura de cada variable.

En referencia a un posible fallo en la identificación debido a la presencia de heces de gato doméstico, se ha demostrado que estos no dejan sus excrementos expuestos en los caminos, a diferencia del gato montés (Corbett, 1979).

A pesar de que este método basado en indicios indirectos ha sido cuestionado por posibles fallos en la identificación, presenta numerosas ventajas frente a los métodos basados en análisis genético (Lozano et al., 2013). La morfología característica y reconocible de las heces de carnívoros hace que, siempre y cuando los trabajos sean realizados por investigadores experimentados, se puede concluir que la tasa de éxito de identificación es de entre un 90% y un 100%, y que las heces encontradas en los transectos son en su mayoría de individuos distintos (Piñeiro, 2012; Piñeiro et al., 2012). Asimismo, es interesante resaltar también que las heces encontradas a lo largo de los transectos pertenecen a individuos territoriales, residentes por tanto de la zona muestreada (Corbett, 1979; Piñeiro et al., 2012).

En definitiva, el muestreo empleado es un método rápido y eficiente (bajo coste), fiable, con una tasa de éxito de identificación máxima, si se realiza correctamente, y con una relación clara entre la aparición de las heces (abundancia relativa) y la densidad poblacional (Lozano et al., 2013).

Para el caso particular de las heces de gato montés, estas tienen una morfología claramente reconocible, compuestas por fragmentos divididos por estrangulamientos(Urra et al., 2014). Los fragmentos presentan concavidades en los extremos anteriores y son puntiagudos en los posteriores, y por lo general, son heces compactas caracterizadas por la abundante presencia de pelo de las presas (Urra et al., 2014). Para asegurar la correcta identificación en el estudio, las heces que no reunían todas estas características para ser considerados de gato montés casi con total fiabilidad no fueron contabilizados. De la misma forma, las heces dudosas del resto de especies muestreadas tampoco fueron contabilizadas (Lozano et al., 2013).

Las heces de gato montés pueden ser distinguidas de las del zorro y garduña, ademásde las de perro, gracias a su forma, tamaño y olor (Virgós et al., 2010).

Figura 5: Heces de gato montés encontradas en un transecto muestreado

2.3. Cálculo del índice de abundancia

Los datos recogidos nos permitieron el cálculo de un índice de abundancia relativa para carnívoros (con valores entre 0 y 1) basado en la frecuencia de aparición de las heces, mediante el cociente entre el número de fragmentos con presencia de algún excremento y el número total de fragmentos de 200m en 1km, es decir, 5 (Lozano et al., 2007, 2013).

$$\text{IA} = \text{N.}^{\circ} \text{ segmentos de 200 m con presencia de heces} / 5$$

Para el conejo, el índice de abundancia se calcula como el número de letrinas encontradas en cada transecto, es decir, **letrinas/km** (Palma et al.,1993).

2.4. Datos a escala local y de territorio

Se extrajeron datos de variables ambientales a dos escalas espaciales distintas: escala local y escala de territorio. Se han creado distintos buffers para cada escala, alrededor del punto medio de cada uno de los transectos (a los 600m). A escala local, se han empleado buffers de 750m de radio ($=1,77\text{km}^2$); mientras que a escala territorial los buffers empleados tenían un radio de 2.000m ($=12,57\text{km}^2$). El tamaño de los buffers se ha elegido conforme a diversas investigaciones previas (p.ej. Daniels et al., 2001 & Lozano et al., 2013). Asimismo, las extensiones utilizadas se corresponden también con los tamaños medios de territorio de la especie, que para las hembras esde 2,28 km^2 y para los machos de 13,71 km^2 (Monterroso et al., 2009). Mediante estos buffers se han obtenido datos de porcentaje de cobertura vegetal (arbolado, matorral, pasto y cultivo), roquedo, cuerpos de agua permanente, suelo urbanizado e infraestructuras lineales (red viaria o ferroviaria). Con los buffers (de 750m y 2.000m de radio) también se ha calculado la media de índice de huella humana (HH).

También se han medido las distancias desde los puntos medios de cada transecto (600m) a las infraestructuras humanas, los cotos de caza, los espacios de la Red Natura 2000, los bosques y los tramos de agua más próximos a cada transecto (véase Anexo, Tabla 9). Todas estas distancias están expresadas en metros. En último lugar, se ha extraído la altitud de cada transecto en su punto medio (600m).

Para el cálculo de todos estos datos mencionados con anterioridad, se utiliza el programa QGIS 3.34.3.

2.5. Elaboración del modelo de distribución (SDM)

El modelo de distribución potencial para el gato montés se ha obtenido mediante el software Maxent 3.4.4. Para crear el modelo predictivo de distribución de la especie se utilizaron capas ráster de distinta temática paisajística, procedentes de "Corine Land Cover". Se consideraron las siguientes capas de uso de suelo: arbolado, matorral, cultivo, pasto, suelo urbanizado y cuerpos de agua permanentes. Los modelos de distribución de especies (SDM) obtenidos mediante este software se basan en la teoría de nicho ecológico, utilizando información de la presencia de las especies para explorar la distribución potencial de las mismas (en este caso el gato

montés) en un área de estudio concreta (para nuestro estudio, la Comunidad de Madrid) (Bai et al., 2018). En concreto, nuestro modelo ha sido obtenido mediante el formato Logístico, entrenándolo con un 25% de los puntos de muestreo y dejando el resto de las configuraciones predeterminadas. Los modelos definitivos se han seleccionado de acuerdo con el mayor valor de AUC (área bajo la curva ROC), tras realizar 10 réplicas. Se ha considerado que un AUC>0,75 era adecuado para obtener información valiosa sobre la distribución de la especie (Elith et al., 2002). También se ha categorizado la idoneidad de hábitat (con valores entre 0 y 1) en 4 categorías (Chefaoui et al., 2005): Muy baja calidad, Baja calidad, Alta calidad y Muy alta calidad de hábitat (Figura 7). Con el programa QGIS 3.34.3. se han editado los mapas y calculado las superficies de idoneidad de hábitat correspondientes a cada categoría.

2.6. Análisis estadístico

Los diferentes análisis se han realizado con el programa Statgraphics Centurion 19. Se comprobó la normalidad de la variable respuesta (índice de abundancia del gato montés), y al no ser normal se transformó logarítmicamente. En primer lugar, se ha realizado un Análisis de Factores (uno a escala local, y otro a escala de territorio), con rotación varimax, para poder reducir el número de variables ambientales a factores ortogonales, seleccionándolos en base a un eigenvalor mínimo de 1. Este método consiste en elegir aquellos factores con un eigenvalor mayor que uno, lo que supone que el factor explica una varianza mayor que una variable original individual (cuya varianza es uno) (Kaiser, 1960). Posteriormente se han realizado dos regresiones múltiples, una a escala local y otro a escala de territorio, relacionando el índice de abundancia relativo del gato montés (variable respuesta) con los factores (predictores) previamente obtenidos.

3. Resultados

3.1. Modelo de distribución potencial del gato montés en la Comunidad deMadrid

Se ha obtenido un modelo con un AUC de 0,812 (como se puede observar en la curvaROC), lo que supone un buen modelo sobre la idoneidad de hábitat de este mesocarnívoro en Madrid (Figura 6).

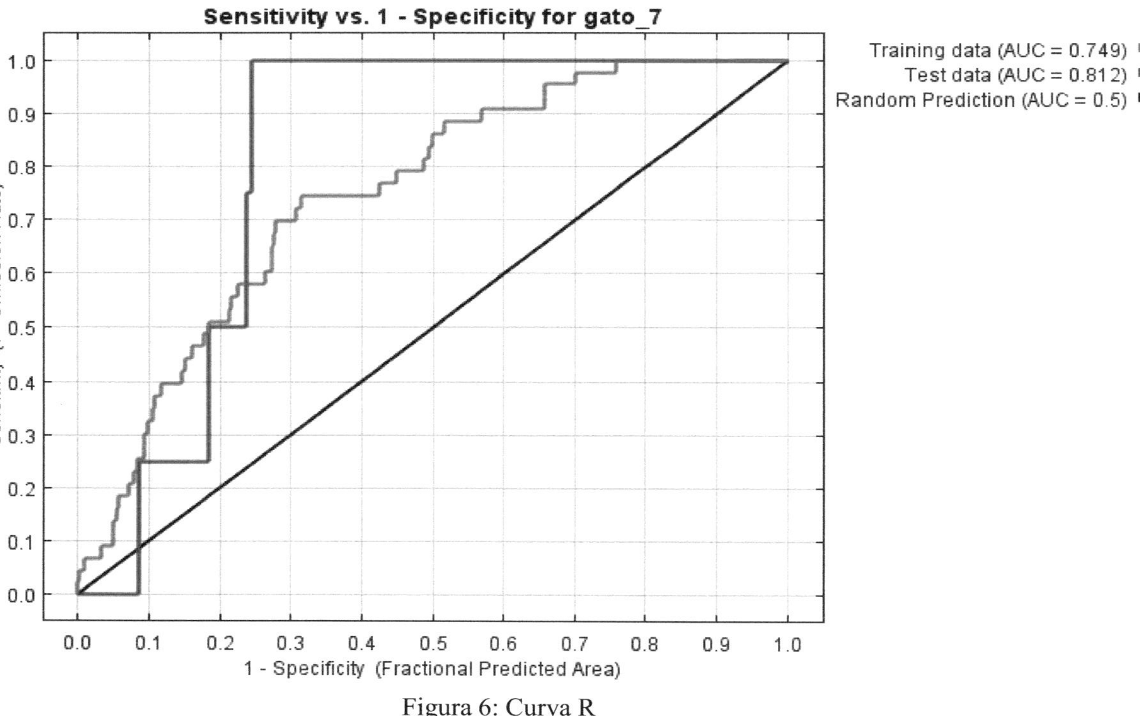

Figura 6: Curva R

En el modelo de distribución potencial (Figura 7) se pueden observar las distintas zonas de la provincia clasificados en base a su idoneidad de hábitat para el gato montés. Como se puede observar, la franja noroccidental, así como el sureste de la provincia, constituyen las zonas más adecuadas para la especie.

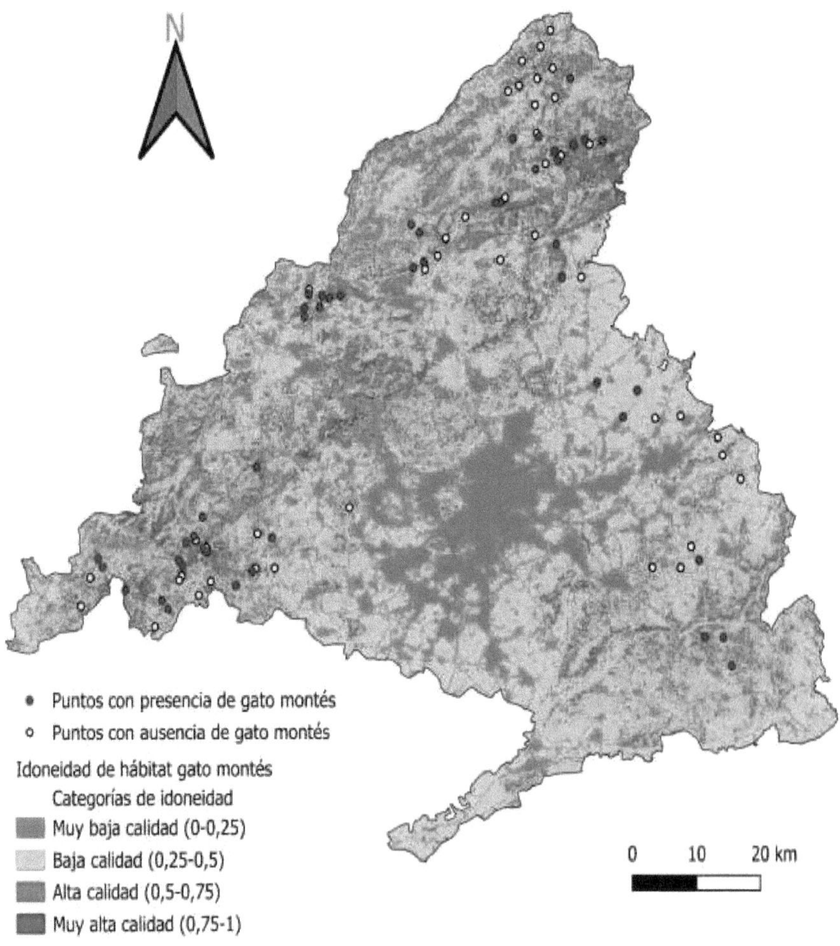

Figura 7: Mapa de distribución potencial del gato montés en la Comunidad de Madrid

La siguiente tabla indica la superficie (en km^2) de hábitat que ocupa cada categoríade idoneidad en la provincia:

Categoría de idoneidad para el gato montés	Superficie de hábitat idóneo(km^2)
Muy baja calidad	1834,1
Baja calidad	4378,9
Alta calidad	1766,5
Muy alta calidad	56,1

Tabla 1: Categorías de idoneidad para el gato montés

A continuación, se muestra al peso que han tenido las distintas variables de paisaje (mencionadas en el apartado de "Materiales y métodos"). Como se puede ver en la Tabla 2, la variable de suelo urbanizado es la que más peso tiene sobre la idoneidad de hábitat del gato montés, seguida por las de arbolado y matorral, que tienen un peso similar. Sin embargo, el matorral es la variable que mayor importancia permutada posee, respecto a la idoneidad de hábitat de la especie, seguida del suelo urbanizadoy del arbolado.

Variable	Percent contribution	Permutation importance
UrbanizadoMadrid	45.5	30.2
ArboladoMadrid	26.2	23.7
MatorralMadrid	21.7	31.5
CultivoMadrid	3.7	12.1
CuerposAguaPermanentesMadrid	2.9	1
PastoMadrid	0	1.6

Tabla 2: Peso de las variables predictoras en la construcción del modelo

En último lugar, como se muestra en las gráficas (Figura 8), la variable con una mayorinfluencia positiva es el matorral. Por otro lado, el suelo urbanizado es la que más negativamente afecta. Resulta interesante resaltar también el papel del arbolado, quesi bien es cierto que al principio tienen una influencia positiva (a bajas densidades), apartir de una cobertura cercana al 50% afecta negativamente a la presencia de la especie.

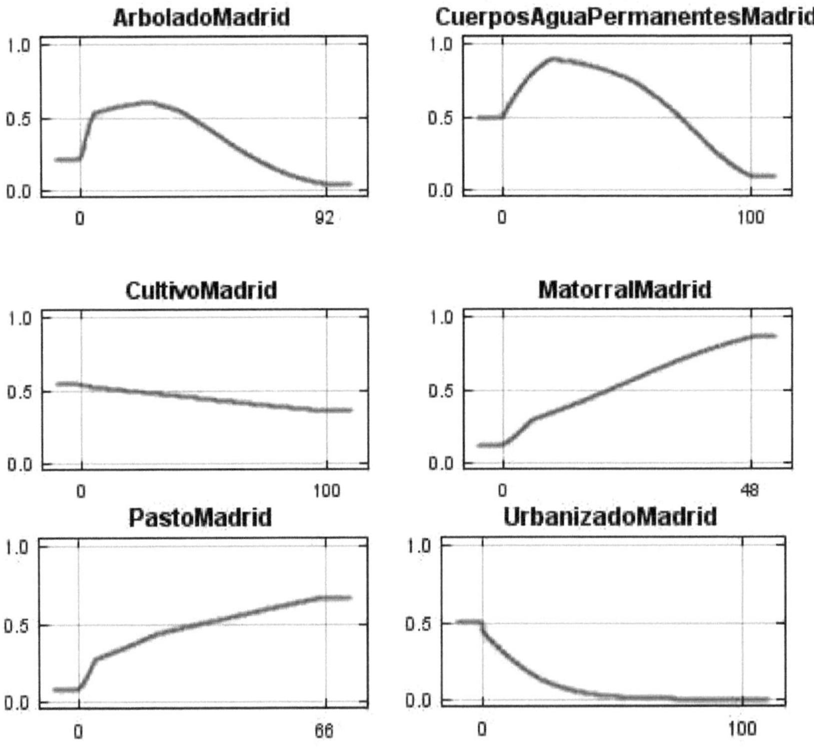

Figura 8: Gráficas de la influencia de cada variable
depaisaje (predictoras) en el modelo (SDM)

3.2.   Modelo de abundancia del gato montés a escala local

Para la obtención del modelo a escala local de abundancia del gato montés, en primerlugar, se realiza un análisis de factores. En dicho análisis, se han obtenido 6 factores ortogonales (véase Tabla 3) con un eigenvalor mayor que 1 y que conservan un 69,52% de la varianza total (véase Anexo, Tabla 10). El primer factor (Factor_Local_1) discrimina entre zonas con alta abundancia de jabalí y elevada cobertura arbórea, de matorral y de pasto alrededor de los transectos (valores positivos); y zonas con alta abundancia de conejo y elevada cobertura de cultivo alrededor de los transectos (valores negativos). El segundo factor (Factor_Local_2) describe zonas con alta abundancia de garduña y elevada cobertura de cuerpos de agua a 750m (valores positivos). El tercer factor (Factor_Local_3) define zonas con alta abundancia de zorro y elevada cobertura de cultivo a 750m (valores positivos); y zonas con elevada cobertura arbórea a 750m (valores negativos). El cuarto factor (Factor_Local_4) muestra zonas con elevada cobertura de matorral y de roca a los 750 m (valores positivos). El quinto factor (Factor_Local_5) determina zonas con elevada cobertura de pastizal a los 750m (valores negativos). En último lugar, el sexto factor (Factor_Local_6) describe zonas con elevada cobertura de roquedo alrededor del transecto (valores positivos).

Tabla 3: Resultado del análisis de factores a escala local. El resaltado
amarillo indica unacorrelación significativa entre las variables originales y los factores.

	Factor Local 1	Factor Local 2	Factor Local 3	Factor Local 4	Factor Local 5	Factor Local 6
Zorro IA (2022-2024)	0,194298	0,381422	0,648763	0,0191387	0,134293	0,0393495
Conejo (2022- 2024)	-0,540684	0,0112517	0,361101	-0,00697747	0,179386	-0,189502
Garduña IA (2022-2024)	-0,111444	0,739966	0,0312916	0,337133	0,133475	0,170291
Jabalí IA (2022-2024)	0,683801	-0,157191	-0,048813	-0,0131412	0,294366	0,0385706
%Arbolado	0,542966	0,109154	-0,00879607	-0,132379	0,365927	0,438666
%Matorral	0,646918	0,165468	-0,0505623	0,423218	-0,19898	0,0952983
%Pastizal	0,646034	0,12525	-0,0660657	-0,257018	-0,189981	-0,459511
%Cultivo	-0,889471	-0,074919	0,0118969	-0,0815758	0,184028	-0,134172
%Roca	0,179569	0,110556	-0,109846	-0,026023	0,0111414	0,813111
Arbolado 750	0,318338	0,234677	-0,646351	-0,317705	0,309847	0,106612
Matorral 750	0,0410418	0,0405792	0,177131	0,691945	-0,140095	0,087153
Pastizal 750	0,154261	-0,0725826	-0,0767579	0,0284378	-0,896668	-0,0449449
Cultivo 750	-0,470545	-0,185738	0,623402	-0,149041	0,165691	-0,130094
Agua 750	0,114671	0,854203	-0,0172137	-0,139852	-0,0305981	-0,0118792
Roca 750	0,0514215	0,0101189	-0,318026	0,655151	0,247699	-0,350852

En el modelo en cuestión, la variable respuesta utilizada es el logaritmo del índice de abundancia del gato montés; y como variables explicativas, se han empleado las variables de cobertura de las observaciones directas, las coberturas de vegetación y roca de los buffers de 750m y la abundancia relativa de las distintas especies que hansido muestreadas junto con el gato montés.

Tras la realización de una regresión múltiple por pasos hacia atrás (véase Tabla 4), tres factores a escala local tienen una relación significativa con la abundancia de gato montés (Factor_Local_3, Factor_Local_4 y Factor_Local_5). Esto quiere decir que una mayor abundancia de la especie se relaciona con una mayor abundancia de zorro y una elevada cobertura de cultivo, así como una menor cobertura arbórea; la mayor abundancia del félido se relaciona también con zonas de elevada cobertura de matorral y roca; y en último lugar, con una menor cobertura de pastizal a la escala considerada. El modelo final explica un 22,53% de la varianza de la variable respuesta(i.e. abundancia relativa de gato montés).

Parámetro	Estimación	Error Estándar	Estadístico T	Valor-P
CONSTANTE	0,0631867	0,00682041	9,26436	0,0000
Factor_Local_3	0,0118116	0,00406685	2,90437	0,0047
Factor_Local_4	0,015469	0,00480386	3,22011	0,0018
Factor_Local_5	0,0125157	0,00483644	2,58779	0,0113
P-valor modelo				0,0001
R^2				22,5336 %
Número de observaciones				90

Tabla 4: Modelo de regresión múltiple por pasos hacia atrás del logaritmo del índice de abundancia del gato montés en función de los factores a escala local obtenidos mediante unanálisis de factores.

3.3. Modelo de abundancia del gato montés a escala de territorio

Para la obtención del modelo a escala de territorio de abundancia del gato montés, en primer lugar, se realiza un análisis de factores. En dicho análisis, se han obtenido 4 factores ortogonales (véase Tabla 5) con un eigenvalor mayor que 1 y que conservaron un 63,8% de la varianza (véase Anexo, Tabla 11). El primer factor (Factor_Territorio_1) describe zonas con alta abundancia de jabalí y elevada cobertura arbórea (valores positivos); y zonas con abundancia de conejo y elevada cobertura de cultivo (valores negativos). El segundo factor indica zonas con elevada abundancia de zorro y de garduña (valores positivos). El tercer factor (Factor_Territorio_3) define zonas con elevada cobertura de matorral y pastizal (valores positivos). En último lugar, el factor 4 (Factor_Territorio_4) muestra zonas con elevada cobertura de cuerpos de agua (valores positivos); y elevada cobertura de roca (valores negativos).

	Factor_ Territorio 1	Factor_ Territorio 2	Factor_ Territorio 3	Factor_ Territorio 4
Zorro IA (2022-2024)	-0,103534	0,648649	-0,0997102	0,0744455
Conejo (2022-2024)	-0,647931	0,124698	-0,268014	0,0646154
Garduña IA (2022-2024)	0,0550242	0,784071	0,00901136	-0,0830411
Jabali IA (2022-2024)	0,604246	0,0456264	-0,148488	0,183142
Arbolado 2000	0,837219	-0,0603005	-0,236467	0,0122129
Matorral 2000	-0,0490326	0,452046	0,625237	-0,306856
Pastizal 2000	0,0605185	-0,324413	0,806093	0,207446
Cultivo 2000	-0,840391	-0,0237198	-0,342689	0,134873
Agua 2000	0,371031	0,232754	0,165055	0,702507
Roca 2000	0,174674	0,157636	0,0702632	-0,709957

Tabla 5: Resultado del análisis de factores a escala de territorio.
El resaltado amarillo indica una correlación significativa entre las variables originales y los factores

En el modelo en cuestión, la variable respuesta utilizada es el logaritmo del índice de abundancia del gato montés; y como variables explicativas, se han empleado las variables de cobertura de los buffers de 2000m (cuyo cálculo se detalla en el apartado de "Materiales y métodos") y la abundancia relativa de las distintas especies que han sido muestreadas junto con el gato montés.

Tras la realización de una regresión múltiple por pasos hacia atrás (véase Tabla 6), sólo un factor a escala de territorio tiene una relación significativa con la abundancia de gato montés (Factor_Territorio_2). De esta forma, a escala territorial, conforme aumentan las abundancias de zorro y garduña, también lo hace la abundancia de gato montés. El modelo final explica un 19,75% de la varianza de la variable respuesta.

Parámetro	Estimación	Error Estándar	Estadístico T	Valor-P
CONSTANTE	0,0631867	0,00686266	9,20732	0,0000
Factor_Territorio_2	0,0220693	0,00474274	4,65329	0,0000
P-valor modelo				0,0000
R^2				19,7469%
Número de observaciones				90

Tabla 6: Modelo de regresión múltiple por pasos hacia atrás del logaritmo del índice de abundancia del gato montés en función de los factores a escala de territorio obtenidos mediante un análisis de factores.

3.4. Relación del gato montés con variables antrópicas

Se ha estudiado también la relación que guardan diversas variables antrópicas con la abundancia de gato montés. Sin embargo, se ha obtenido que sólo una variable guarda una relación significativa con la abundancia de la especie, que es la distancia a núcleos urbanos (Figura 9). Como se observa en la gráfica, la abundancia de gato montés aumenta a medida que se incrementa la distancia a núcleos urbanos.

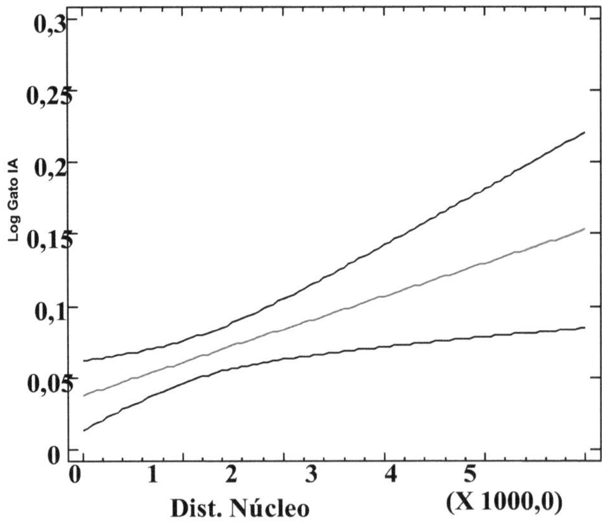

Figura 9: Regresión simple entre el logaritmo del índice de abundancia del gato montés y la distancia a núcleos urbanos

P-valor modelo	0,0093
R^2	7,43878 %
Número de observaciones	90

Tabla 7: Modelo de regresión simple de la Figura 9.

3.5. Relación del gato montés con la presencia de conejo

Se ha realizado una ANOVA simple utilizando como variable respuesta el logaritmo del índice de abundancia del gato montés, y la presencia/ausencia del conejo como factor. Los resultados indican una diferencia significativa en la abundancia media del félido entre transectos con y sin conejo, es decir, el gato montés es más abundante en aquellas zonas con disponibilidad de conejo, su presa predilecta en ambientes mediterráneos.

Medias y 95,0% de Fisher LSD

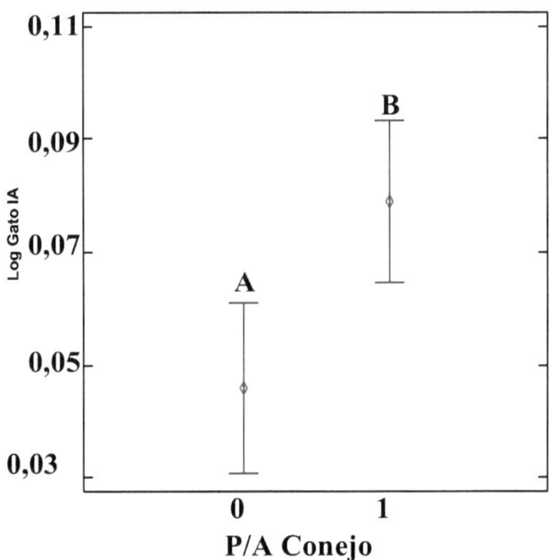

Figura 10: Gráfico de medias entre el logaritmo del índice de abundancia del gato montés y la presencia/ausencia de conejo

P-valor modelo	0,0290
Razón F	4,93
Número de observaciones	90

Tabla 8: Resultados de la ANOVA simple de la figura 10

4. Discusión

Mediante este estudio centrado en la presencia y abundancia de gato montés se han podido conocer algunos de los requerimientos ecológicos y de hábitat de la especie en la Comunidad de Madrid, así como posibles amenazas de conservación a las que se enfrenta este félido en el área de estudio.

Por un lado, gracias al modelo de distribución potencial obtenido, parece que los hábitats más idóneos para el gato montés en la Comunidad de Madrid se concentran en las zonas menos antropizadas, tanto en la franja noroccidental como en el sureste. Gracias al modelo, a pesar de lo que se podría pensar a priori dado el elevado grado de antropización de nuestra área de estudio, se puede ver que, en la Comunidad de Madrid, existen entorno a unos 1800km^2 de elevada idoneidad de hábitat para el gato montés, por lo que se pone de manifiesto la importancia de estas zonas específica para la conservación del gato montés. Además, el modelo muestra que las variables predictoras con más peso en la distribución del gato montés son el suelo urbanizado y el arbolado, ambas con efectos negativos, y el matorral, con efecto positivo. Aunque el AUC indica que se trata de un modelo útil para obtener información de la especie (Elith et al., 2002), incluyendo nuevas variables predictoras probablemente se podría mejorar.

En definitiva, gracias a esta técnica, se ha podido obtener información útil sobre el nicho ecológico del gato montés en la Comunidad de Madrid y acotar las mejoras zonas (Bai et al., 2018).

Por otro lado, el modelo de regresión a escala local señala una mayor abundancia de gato montés en zonas con una elevada cobertura de matorral, cultivo y roquedo, mientras que indica una menor abundancia en zonas de pasto y arbolado. Estos resultados parecen rechazar la hipótesis de que el gato montés es una especie forestal (Guggisberg, 1975; Parent, 1975), al menos en ambientes mediterráneos típicos, donde parece que prefiere mosaicos de matorral y cultivo, como investigaciones anteriores ya habían mostrado (Lozano et al., 2003;

Lozano et al., 2007; Monterroso et al., 2009; Lozano, 2010). Esto puede deberse principalmente a la mayor abundancia de conejo que se concentra en estos hábitats típicos de ambientes mediterráneos, lo que sugiere que el félido se distribuye en función de la disponibilidad de alimento (Easterbee et al., 1991; Lozano et al., 2003, 2007). En cuanto al pasto, debido a que en la Comunidad de Madrid son hábitats históricamente explotados por la ganadería (Pardo & Gil, 1997), se podría asociar un efecto negativo indirecto de la misma sobre la abundancia del gato montés, de manera similar a lo que se ha podido comprobar con otros ungulados como el ciervo o el jabalí (Lozano et al., 2007), ya que la ganadería podría afectar negativamente a la abundancia de las presas del félido. No obstante, esta última relación no se ha podido constatar, y podría ser de gran ayuda abordar la cuestión en futuras investigaciones. Por último, el modelo a escala local sugiere la coexistencia espacial del gato montés con el zorro, un resultado que se repite en el modelo a escala de territorio, y que ya se había observado en estudios previos (Serrat, 2018).

Asimismo, el modelo de abundancia a escala de territorio sugiere la coexistencia espacial del gato montés con las otras dos especies de mesocarnívoros muestreadas, el zorro y la garduña. Es sabido que, en ocasiones, el zorro y la garduña, no sólo habitan las mismas zonas, sino que además pueden compartir la misma dieta cuando hay abundancia de alimento, dándose el denominado fenómeno de superposición denicho (Padial et al., 2001). Parece que algo similar podría ocurrir entre el gato montés y estas dos especies de mesocarnívoros en la Comunidad de Madrid, dado que las abundancias de los tres están positivamente correlacionadas. Esto coincide con lo estudiado en otras comunidades autónomas de España, concretamente en un estudio llevado a cabo en Osona, Cataluña, donde también se encontró que el gato coexistía espacial y temporalmente con el zorro, y espacialmente con la garduña (Serrat, 2018).

En cuanto a las infraestructuras humanas, no se ha encontrado un efecto negativo del suelo urbanizado sobre la abundancia de gato montés, como se obtuvo en el

SDM sobre la presencia de la especie; sólo se ha encontrado que la abundancia del gato montés tiene una relación positiva con la distancia a núcleos urbanos, es decir, hay mayor abundancia de gato montés en zonas más alejadas de los mismos. Estos resultados sugieren que la tasa de hibridación, a diferencia de lo que pasa en ciertasregiones europeas (Stahl & Artois, 1991), debería ser baja y no constituir una amenaza importante para las poblaciones de gato montés de la Comunidad de Madrid. Esto se debería a que los encuentros con gatos domésticos, que no se alejan mucho de los núcleos urbanos, no son recurrentes. Además, está relación del gato montés con los núcleos urbanos coincide con los resultados de idoneidad de hábitat para la especie en el SDM, donde los hábitats de mejor calidad se encontraban en zonas de bajo carácter antrópico. Esta relación denota que los núcleos urbanos, como infraestructura humana que son, constituyen una de las causas principales de amenaza para la especie, puesto que favorecen la destrucción y fragmentación de su hábitat (Stahl & Artois, 1991). De esta forma, resulta de vital importancia conservar los escasos relictosnaturales que perduran en la Comunidad de Madrid para proteger a la especie. No obstante, no se ha podido comprobar que la abundancia del félido tenga una relaciónsignificativa con otro tipo de infraestructuras humanas, como carreteras, vías férreas, presas y embalses; lo que no quiere decir que estas variables antrópicas no sean consideradas de cara a futuras investigaciones en la conservación del gato montés. En referencia a la relación del gato montés con el conejo, se corrobora que la presencia del lagomorfo tiene un impacto positivo sobre la abundancia del félido en laComunidad de Madrid. Esto coincidiría con resultados previos obtenidos en regiones mediterráneas, donde el conejo constituye la principal fuente de alimentación de la especie (Gil-Sánchez, 1998; Gil-Sánchez et al, 1999; Lozano, 2008). Es por ello por lo que la conservación del lagomorfo, especie catalogada como "Vulnerable" (VU) porla UICN, es vital para la conservación del gato montés en ambientes mediterráneos como la Comunidad de Madrid (Lozano, 2008).

5. Conclusiones

Los resultados de este trabajo confirman las hipótesis planteadas inicialmente, de forma que se pueden extraer las siguientes conclusiones:

i. Según el modelo de distribución potencial obtenido, las zonas de matorral constituyen el hábitat con mayor idoneidad para el gato montés en la Comunidad de Madrid, siendo el suelo urbanizado el hábitat menos idóneo.

ii. Una superficie de 1800 km^2 del territorio de la Comunidad de Madrid presenta una elevada idoneidad para la especie.

iii. Los mosaicos de matorral y cultivo, junto con el roquedo, parecen ser los hábitats predilectos para el gato montés en la Comunidad de Madrid en cuanto a su abundancia. En ambientes mediterráneos la abundancia de la especie no está asociada a los bosques.

iv. El gato montés coexiste con el zorro y la garduña en gran parte del territorio de la Comunidad de Madrid, compartiendo los mismos hábitats.

v. La abundancia del gato montés aumenta con la distancia a los núcleos urbanos.

vi. El gato montés en la Comunidad de Madrid es más abundante en las zonas donde el conejo está disponible como presa.

6. Bibliografía

Bai, D.F., Chen P.J., Atzeni L., Cering L., Li Q., & Shi Q. 2018. Assessment of habitat suitability of the snow leopard (Panthera uncia) in Qomolangma National Nature Reserve based on MaxEnt modeling', Zoological research, 39(6), pp.373–386. Available at: https://doi.org/10.24272/j.issn.2095-8137.2018.057.

Barja, I. & Bárcena, F. 2002. La función de las heces en la comunicación olfativa del Gato Montés. IX Congreso Nacional y VI Iberoamericano de Etología. Madrid, 61.

Chefaoui, R. M., Hortal, J. & Lobo, J. M. 2005. Potential distribution modelling, niche characterization and conservation status assessment using GIS tools: a case study of Iberian Copris species. Biological Conservation, 122(2), 327-338.

Corbett, L. K. 1979. Feeding ecology and social organization of wildcats (*Felis silvestris*) and domestic cats (Felis catus) in Scotland (Doctoral dissertation, University of Aberdeen).

Delibes-Mateos, M., Ferreras, P., & Villafuerte, R. 2009. European rabbit population trends and associated factors: a review of the situation in the Iberian Peninsula. Mammal review, 39(2), 124-140.

Duarte, J., Vargas, J.M., 2001. ¿Son selectivos los controles de predadores en los cotos de caza? Galemys 13, 1–9.

Easterbee, N., Hepburn, L.V., & Jefferies, D.J. 1991. Survey of the status and distribution of the wildcat in Scotland, 1983–1987. Nature Conservancy Council for Scotland, Edinburgh.

Elith, J. 2002. Quantitative methods for modeling species habitat: comparative performance and an application to Australian plants. In: Ferson, S. and Burgman, M. (eds), Quantitative methods for conservation biology. Springer, pp. 3958.

Gil-Sánchez, J. M. 1998. Dieta comparada del gato montés (*Felis silvestris*) y la jineta (*Genetta genetta*) en un área de simpatría de las Sierras Subbéticas (SE España). Miscel· lània Zoològica, 57-64.

Gil-Sanchez, J. M., Valenzuela, G., & Sanchez, J. F. 1999. Iberian wild cat *Felis silvestris* tartessia predation on rabbit *Oryctolagus cuniculus*: functional response and age selection. Acta Theriologica, 44(4), 421-428.

Guggisberg, C. A. W., 1975. Wild cats of the world. David & Charles, Newton Abbot, London.

Alcalá, J. (2023). La abundancia de jabalí en la Comunidad de Madrid: hábitat e impacto sobre la abundancia de conejo. Trabajo fin de máster en Biología de la Conservación.

Kaiser, H. F. 1960. The Application of Electronic Computers to Factor Analysis. Educational and Psychological Measurement, 20(1), 141-151.

Langley, P. J. W. & Yalden, D. W., 1977. The decline of the rarer carnivores in Great Britain during the nineteenth century. Mammal Review, 7: 95–116.

Lecis, R., Pierpaoli, M., Birò, Z. S., Szemethy, L., Ragni, B., Vercillo, F., & Randi, E. 2006. Bayesian analyses of admixture in wild and domestic cats (Felis silvestris) using linked microsatellite loci. Molecular Ecology, 15(1), 119–131. https://doi.org/10.1111/j.1365-294X.2005.02812.x

López-Martín, J. M., García, F. J., Such, A., Virgós, E., Lozano, J., Duarte, J., & España, A. J. 2007. *Felis silvestris* Schreber, 1777. Atlas y libro rojo de los mamíferos de España. Dirección General para la Biodiversidad-SECEM-SECEMU, Madrid, 336- 338.

Lozano, J., Virgós, E., Malo, A. F., Huertas, D. L. & Casanovas, J. G., 2003. Importance of scrub– pastureland mosaics on wild–living cats occurrence in a Mediterranean area: implications for the conservation of the wildcat (*Felis silvestris*). Biodiversity and Conservation, 12: 921–935.

Lozano, J., Virgós, E., Cabezas-Díaz, S., & Mangas, J. G. 2007. Increase of large game species in Mediterranean areas: Is the European wildcat (*Felis silvestris*) facing a new threat? Biological Conservation, 138(3–4), 321–329. https://doi.org/10.1016/j.biocon.2007.04.027

Lozano, J. 2008. Ecología del gato montés (*Felis silvestris*) y su relación con el conejo de monte (*Oryctolagus cuniculus*).

Lozano, J. 2009. Gato montés – *Felis silvestris*. Versión 3-02-2009. En: Enciclopedia Virtual de los Vertebrados Españoles. Carrascal, L. M., Salvador, A. (Eds.). Museo Nacional de Ciencias Naturales, Madrid. http://www.vertebradosibericos.org/.

Lozano, J. 2010. Habitat use by European wildcats (*Felis silvestris*) in central Spain: what is the relative importance of forest variables? Animal Biodiversity and Conservation, 33.2: 143–150.

Lozano, J., Virgós, E., & Cabezas-Díaz, S. 2013. Monitoring European wildcat *Felis silvestris* populations using scat surveys in central Spain: Are population trends related to wild rabbit dynamics or to landscape features? Zoological Studies, 52(1). https://doi.org/10.1186/1810-522X-52-16

Mitchell-Jones, A.J., Amori, G., Bogdanowicz, W., Krystufek B., Reijnders, P.J.H., Spitzenberger F., Stubbe, M., Thissen, JBM., Vohralík, V., & Zima, J. 1999. The atlas of European mammals. Academic Press, London.

Monterroso, P., Brito, J. C., Ferreras, P. & Alves, P. C. 2009. Spatial ecology of the European wildcat in a Mediterranean ecosystem: dealing with small radio–tracking datasets in species conservation. Journal of Zoology, 279: 27–35.

Nowell, K., Jackson, P. 1996. The wild cats: status survey and conservation action plan. International Union for Nature Conservation - Cat Specialist Group, Gland, Switzerland, p 382.

Padial, J.M., Ávila, E., & Gil-Sánchez, J.M. 2001. Feeding hábitats and overlap among red fox (*Vulpes vulpes*) and stone marten (*Martes foina*) in two Mediterranean mountain habiats. Mammalian Biology 67 (2002), 137-146.

Palomo, L.J., Gisbert, J., & Blanco, J.C. 2007. Atlas y Libro Rojo de los Mamíferos Terrestres de España. Dirección General de Conservación de la. Naturaleza-SECEM-SECEMU, Madrid.

Pardo, F., & Gil, L. 1997. La transformación del paisaje en la sierra pobre de Madrid. Influencia de la agricultura y ganadería en la extinción local de los pinares. Estudios Geográficos, 58(228), 397–424. https://doi.org/10.3989/egeogr.1997.i228.638

Parent, G. H., 1975. La migration récente, à caractère invasionnel, du chat sauvage, *Felis silvestris silvestris* Schreber, en Lorraine Belge. Mammalia, 39: 251–288.

Pierpaoli, M., Birò, Z. S., Herrmann, M., Hupe, K., Fernandes, M., Ragni, B., Szemethy, L., & Randi, E. 2003. Genetic distinction of wildcat (Felis silvestris) populations in Europe, and hybridization with domestic cats in Hungary. Molecular Ecology, 12(10), 2585–2598. https://doi.org/10.1046/j.1365-294X.2003.01939.x

Piñeiro, A. 2012. Eco-etología y respuestas de estrés fisiológico en el gato montés (*Felis silvestris*): implicaciones para su conservación. PhD dissertation. Autónoma University of Madrid.

Piñeiro, A., Barja, I., Silván, G., & Illera, J. C. 2012. Effects of tourist pressure and reproduction on physiological stress response in wildcats: management implications for species conservation. Wildlife Research, 39(6), 532-539.

Rivas–Martínez, S., Fernández–González, F. & Sánchez–Mata, D., 1987. El Sistema Central: de la Sierra de Ayllón a Serra da Estrela. In: La vegetación de España: 419–451 (M. Peinado & S. Rivas– Martínez, Eds.). Publicaciones Universidad de Alcalá, Madrid.

Stahl, P., & Artois, M. 1991. Status and conservation of the wild cat (*Felis silvestris*) in Europe and around the Mediterranean rim. Council of Europe, Strasbourg, France, p 61.

Stahl, P., & Léger, F., 1992. Le chat sauvage (*Felis silvestris*, Schreber, 1777). Encyclopédie des Carnivores de France. Société Française pour l'Etude et la Protection des Mammifères, Bohallard andPuceul, France, p 50.

Sunquist, M., Sunquist, F. 2002. Wild cats of the world. University of Chicago

Press, Chicago.

Urra, F., Lozano, J., Fernandes, M., España, A. J., & Monterroso, P. 2014. El gato doméstico *Felis silvestris* Schreber, 1777. En: Calzada J., Clavero M. & Fernández A. (eds). "Guía virtual de los indicios de los mamíferos de la Península Ibérica, Islas Baleares y Canarias". Sociedad Española para la Conservación y Estudio de los Mamíferos (SECEM). http://www.secem.es/guiadeindiciosmamiferos/ Downloaded on "dd/mm/aaaa".

Virgós, E., Cabezas-Díaz, S., Mangas, J. G., & Lozano, J. 2010. Spatial distribution models in a frugivorous carnivore, the stone marten (*Martes foina*): Is the fleshy-fruit availability a useful predictor? Animal Biology, 60(4), 423–436. https://doi.org/10.1163/157075610X523297

Virgós, E. & Travaini, A., 2005. Relationship between Small-game Hunting and Carnivore Diversity in Central Spain. Biodiversity and Conservation 14, 3475–3486.

Tabla 9: Resumen explicativo de las variables predictoras empleadas en el trabajo. Nota: todos los buffers y distancias se han calculado con respecto al punto medio del transecto

Variable	Descripción	Origen	Fuente
%Arbolado	Porcentaje de cobertura enlos transectos	Muestre o directo	
%Matorral			
%Pastizal			
%Cultivo			
%Roca			
Arbolado 750	Porcentaje de cobertura enlos transectos en un radio de 750m (=1,77km^2)	Buffer QGIS	Instituto Geográfico Nacional
Matorral 750			
Pastizal 750			
Cultivo 750			
Carr/ferr. 750			
Agua 750			
Roca 750			
Urbano 750			
Arbolado 2000	Porcentaje de cobertura enlos transectos en un radio de 2.000m (=12,57km^2)		
Matorral 2000			
Pastizal 2000			
Cultivo 2000			
Carr/ferr. 2000			
Agua 2000			
Roca 2000			
Urbano 2000			
Dist. Carreteras	Distancia del transecto a lacarretera más cercana	QGIS	
Dist. Tramo agua	Distancia del transecto al tramo de agua más cercano		
Dist. Ferrocarril	Distancia del transecto a lared ferroviaria más cercana		
Dist. Núcleo	Distancia del transecto alnúcleo de población máscercano		

Número edificios	Número de edificios del núcleo de población más cercano al transecto		
Dist. embalses	Distancia del transecto alembalse más cercano		
Dist. Presas	Distancia del transecto de lapresa más cercana		
Dist. Cotos caza	Distancia del transecto alcoto de caza más cercano		
Superficie Coto	Superficie del coto de cazamás cercano		

Dist. Bosques	Distancia del transecto a laformación boscosa más cercana	QGIS	© Ministerio para la Transición Ecológica y Reto Demográfico
Tipo de bosque	Tipo de formación boscosa		
Dist. Red Natura2000	Distancia del transecto alespacio de la Red Natura 2.000 más cercano		
P/A Red Natura2000	Indica si el transecto se encuentra dentro de un espacio de la Red Natura 2.000 (1) o no (0)		
Índice HH 750	Media del valor de huella humana del transecto en unbuffer de 750m de radio		https:// wcshumanfootprint . org/
Índice HH 2000	Media del valor de huella humana del transecto en unbuffer de 2.000m de radio		
Altitud m	Altitud del transecto en supunto medio (600m)		Diva-GIS
P/A Gato	Indica la presencia (1) o ausencia (0) de gato en eltransecto	Calculados a partir de los datos recogidos en los transectos	Base de datos
P/A Conejo	Indica la presencia (1) o ausencia (0) de conejo en eltransecto		

Tabla 10: Eigenvalor de cada factor a escala local y su varianza explicada. También se muestra el porcentaje acumulado de varianzaexplicada. En rojo, el porcentaje acumulado de varianza que explicanlos 6 factores.

Número del Factor	Eigenvalor	Porcentaje de Varianza	Porcentaje Acumulado
1	3,64865	24,324	24,324
2	1,79382	11,959	36,283
3	1,60196	10,680	46,963
4	1,22272	8,151	55,114
5	1,1086	7,391	62,505
6	1,05269	7,018	69,523

Tabla 11: Eigenvalor de cada factor a escala de territorio y su varianza explicada. También se muestra el porcentaje acumulado de varianza explicada. En rojo, el porcentaje acumulado de varianza que explican los 4 factores.

Número del Factor	Eigenvalor	Porcentaje de Varianza	Porcentaje Acumulado
1	2,45986	24,599	24,599
2	1,52559	15,256	39,854
3	1,30472	13,047	52,902
4	1,08929	10,893	63,795

Printed by Books on Demand GmbH, Norderstedt / Germany